河南省工程建设标准

螺杆桩技术规程

Technical specification for half-screw pile

DBJ41/T160—2016

主编单位:华北水利水电大学

河南省建筑设计研究院有限公司

批准单位:河南省住房和城乡建设厅

施行日期:2016 年 9 月 1 日

黄河水利出版社

2016　郑 州

图书在版编目(CIP)数据

螺杆桩技术规程/华北水利水电大学,河南省建筑设计研究院有限公司主编.—郑州:黄河水利出版社,2016.8
(河南省工程建设标准)
ISBN 978-7-5509-1522-0

Ⅰ.①螺… Ⅱ.①华… ②河… Ⅲ.①桩-螺杆钻具-技术规范-河南省 Ⅳ.①TU473.1-65

中国版本图书馆 CIP 数据核字(2016)第 199728 号

出 版 社:黄河水利出版社
　　　　地址:河南省郑州市顺河路黄委会综合楼14层　邮政编码:450003
发行单位:黄河水利出版社
　　　　发行部电话:0371-66026940、66020550、66028024、66022620(传真)
　　　　E-mail:hhslcbs@126.com
承印单位:郑州龙洋印务有限公司
开本:850 mm×1 168 mm　1/32
印张:2.125
字数:53 千字　　　　　　　　　印数:1—2 000
版次:2016 年 8 月第 1 版　　　　印次:2016 年 8 月第 1 次印刷

定价:26.00 元

河南省住房和城乡建设厅文件

豫建设标〔2016〕46号

河南省住房和城乡建设厅关于发布
河南省工程建设标准《螺杆桩技术规程》
的通知

各省辖市、省直管县(市)住房和城乡建设局(委),郑州航空港经济综合实验区市政建设环保局,各有关单位:

由华北水利水电大学、河南省建筑设计研究院有限公司主编的《螺杆桩技术规程》已通过评审,现批准为我省工程建设地方标准,编号为 DBJ41/T160—2016,自 2016 年 9 月 1 日起在我省施行。

此标准由河南省住房和城乡建设厅负责管理,技术解释由华北水利水电大学、河南省建筑设计研究院有限公司负责。

河南省住房和城乡建设厅
2016 年 6 月 28 日

前　言

　　根据河南省住房和城乡建设厅《关于印发 2015 年度河南省工程建设标准制订修订计划的通知》(豫建设标〔2015〕25 号)的要求,规程编制组经充分调查研究,认真总结实践经验,并在广泛征求意见的基础上,制定本规程。

　　本规程的主要内容是:1 总则;2 术语和符号;3 基本规定;4 勘察;5 设计;6 施工;7 质量检验与验收;8 安全和环境保护。

　　本规程由河南省住房和城乡建设厅负责管理,由华北水利水电大学和河南省建筑设计研究院有限公司负责具体技术内容的解释。执行过程中如有意见或建议,请寄送华北水利水电大学(地址:河南省郑州市北环路 36 号,邮政编码:450045)或河南省建筑设计研究院有限公司(地址:河南省郑州市金水路 103 号,邮政编码:450014)。

　　主编单位:华北水利水电大学
　　　　　　　河南省建筑设计研究院有限公司
　　参编单位:机械工业第六设计研究院有限公司
　　　　　　　河南省纺织建筑设计院有限公司
　　　　　　　化工部郑州地质工程勘察院
　　　　　　　河南省交通规划设计研究院股份有限公司
　　　　　　　海南卓典高科技开发有限公司
　　　　　　　郑州市市政工程勘测设计研究院
　　　　　　　河南工业大学
　　　　　　　河南华丰岩土工程有限公司
　　　　　　　河南恒泰岩土工程有限公司
　　　　　　　徐州屹固建筑科技有限公司

河南伟华地基工程有限公司
商丘市国基建筑安装有限公司
山东卓力桩机有限公司
山东省地质探矿机械厂

主要起草人：孙瑞民　付进省　蔡黎明　关　辉
　　　　　李亚民　郭书勤　杜明芳　赵迷军
　　　　　杨　锋　樊　璐　王荣彦　贾黎君
　　　　　杨凤灵　彭桂皎　刘昭运　唐立宪
　　　　　金　明　施文波　周洋洋　吕印堂
　　　　　朱　龙　张社伟　李军伟　李春来
　　　　　孙为民　贾发科　钟士国　何德洪
　　　　　马伟召　刘　淼　李瑞东　周战胜
　　　　　李　铁　王凤良　侯庆国
审查人员：郭院成　李小杰　李振明　谢丽丽
　　　　　袁海龙　赵海生　万嘉康　丁怀民

目　次

1　总　则 ……………………………………………………… 1
2　术语和符号 ………………………………………………… 2
　2.1　术　语 ………………………………………………… 2
　2.2　符　号 ………………………………………………… 2
3　基本规定 …………………………………………………… 4
4　勘　察 ……………………………………………………… 6
　4.1　一般规定 ……………………………………………… 6
　4.2　勘察要求 ……………………………………………… 6
　4.3　勘察评价 ……………………………………………… 7
5　设　计 ……………………………………………………… 9
　5.1　一般规定 ……………………………………………… 9
　5.2　桩基础设计 …………………………………………… 10
　5.3　复合地基设计 ………………………………………… 18
6　施　工 ……………………………………………………… 21
　6.1　一般规定 ……………………………………………… 21
　6.2　施工准备 ……………………………………………… 22
　6.3　施　工 ………………………………………………… 23
7　质量检验与验收 …………………………………………… 27
　7.1　施工前检验 …………………………………………… 27
　7.2　施工检验 ……………………………………………… 27
　7.3　施工后检验 …………………………………………… 30
　7.4　验收资料 ……………………………………………… 30
8　安全和环境保护 …………………………………………… 31
附录A　螺杆桩大样图 ……………………………………… 34

附录 B 常规螺杆桩尺寸 ·················· 35
附录 C 桩机适用土层选择 ·············· 36
附录 D 螺杆桩施工记录表 ·············· 37
本规程用词说明 ·························· 38
引用标准名录 ···························· 39
条文说明 ································ 41

1 总　则

1.0.1　为了在河南省行政区域内使螺杆桩的设计和施工做到安全适用、技术先进、经济合理、质量可靠、保护环境,制定本规程。

1.0.2　本规程适用于工业与民用建(构)筑物以及市政工程中螺杆桩的设计、施工及验收。

1.0.3　螺杆桩的设计与施工,应综合考虑工程地质与水文地质条件、上部结构类型、荷载特征、施工技术及环境条件等因素,并结合工程经验,合理选用成孔工艺和施工设备,加强施工质量的控制和管理。

1.0.4　螺杆桩的设计、施工及验收,除应符合本规程规定外,尚应符合国家现行有关标准的规定。

2 术语和符号

2.1 术 语

2.1.1 螺杆桩 half-screw pile

螺杆桩是一种桩身由直杆段和螺纹段组成的组合式灌注桩。螺杆桩大样图见附录 A。

2.1.2 螺杆桩直径 diameter of half-screw pile

螺杆桩桩身直杆段的直径。

2.1.3 螺纹段直径 diameter of thread section

螺杆桩桩身螺纹段最小圆柱截面的直径。

2.1.4 螺牙 screw thread

螺杆桩桩身螺纹段的纹路。

2.1.5 螺距 screw pitch

螺杆桩桩身螺纹段相邻螺牙之间的距离。

2.1.6 同步技术 synchronous technology

钻杆向上(下)移动一个螺距,钻杆正向(反向)旋转一周,在土层中形成螺丝状桩孔或桩的施工技术。

2.1.7 非同步技术 asynchronous technology

钻杆向下移动一个螺距,钻杆正向旋转大于一周,在土层中形成圆柱状桩孔的施工技术。

2.2 符 号

Q_{uk}——单桩竖向极限承载力标准值;

Q_{sk1}——单桩直杆段总极限侧阻力标准值;

Q_{sk2}——单桩螺纹段总极限侧阻力标准值；

Q_{pk}——单桩总极限端阻力标准值；

T_{uk}——群桩呈非整体破坏时基桩的抗拔极限承载力标准值；

T_{gk}——群桩呈整体破坏时基桩的抗拔极限承载力标准值；

R_a——单桩竖向承载力特征值；

q_{sik}、q_{sjk}——桩侧直杆段第 i 层土、螺纹段第 j 层土的极限侧阻力标准值；

q_{pk}——单桩极限端阻力标准值；

f_{spk}——复合地基承载力特征值；

f_{sk}——处理后桩间土承载力特征值；

f_c——混凝土轴心抗压强度设计值；

A_p——桩身截面面积；

A_s——桩身螺纹段截面面积；

u——桩身周长；

D——桩身直杆段直径；

d——桩身螺纹段直径；

l_i、l_j——桩周直杆段第 i 层土、螺纹段第 j 层土的厚度；

β_{si}、β_{sj}——直杆段第 i 层土、螺纹段第 j 层土的桩侧极限侧阻力增强系数；

λ——单桩承载力发挥系数；

m——面积置换率；

α——桩的水平变形系数；

ψ_c——成桩工艺系数。

3 基本规定

3.0.1 螺杆桩可作为桩基础的基桩,也可作为复合地基的增强体。

3.0.2 当螺杆桩作为复合地基的增强体时,螺杆桩桩身可不配筋。

3.0.3 螺杆桩适用于砂土、粉土、黏性土、黄土、回填土、碎石土及全风化、强风化岩层。对于其他地层,应通过成孔、成桩和载荷试验确定其适用性。

3.0.4 螺杆桩基础应根据具体条件分别进行承载能力计算、沉降计算和稳定性验算,所采用的作用效应组合和抗力应与计算或验算的内容相适应;对于需进行沉降计算的螺杆桩基础,在其施工过程及建成后使用期间,应进行系统的沉降观测直至沉降稳定。

3.0.5 螺杆桩应分别对桩身直杆段和螺纹段两个截面进行桩身强度验算。

3.0.6 螺杆桩的桩间距应符合下列规定:

    1 螺杆桩作为桩基础的基桩时,最小中心距应满足表 3.0.6 的规定;

表 3.0.6 螺杆桩的最小中心距

土类	排桩不少于 3 排且桩数不少于 9 根的螺杆桩桩基	其他情况
非饱和土、饱和非黏性土	3.5D	3.0D
饱和黏性土	4.0D	3.5D

注:1. D 为桩身直杆段直径。

    2. 当纵横向桩距不相等时,其最小中心距应满足"其他情况"一栏的规定。

2 螺杆桩作为复合地基的增强体时,桩间距宜为(3~6)D。

3.0.7 螺杆桩应选择稳定且较硬土层作为桩端持力层,桩端全断面进入持力层的深度,应符合下列规定:

1 对于黏性土、粉土不宜小于2D,砂土不宜小于1.5D,碎石类土不宜小于1D;当存在软弱下卧层时,桩端以下持力层厚度不宜小于3D;

2 嵌岩桩全截面进入岩体的深度应根据岩石种类、岩体表面坡度、风化程度、荷载等因素确定。桩端以下3D且不小于5 m范围内应无软弱夹层、断裂破碎带和洞穴分布,在桩端应力扩散范围内应无岩体临空面,桩身进入微风化或中等风化岩体深度不宜小于0.4D且不小于0.5 m,当岩体倾斜度大于30%时,宜根据倾斜度及岩石完整性适当加大嵌岩深度;

3 湿陷性黄土地基的桩基应穿透湿陷性黄土层,桩端应支撑在压缩性低的黏性土、粉土、中密和密实砂土以及碎石土层中;

4 膨胀土地基的桩基,当桩顶标高低于大气影响急剧层深度时,建筑物可按一般桩基础进行设计;

5 抗震设防区桩基进入液化土层以下稳定土层的长度应按计算确定;对于碎石土,砾砂、粗砂、中砂,密实粉土,坚硬黏性土,尚不应小于(2~3)D,其他非岩石土尚不宜小于(4~5)D。

3.0.8 螺杆桩施工中必须采用满足技术指标的专用成桩设备。

4 勘 察

4.1 一般规定

4.1.1 地基勘察前应收集场地及场地附近的地质资料、地区工程经验，了解场地的工程地质与水文地质条件，并应取得下列资料：

1 建筑场地地形图、建筑总平面图；

2 建筑物高度、层数、结构类型、荷载、地下室层数、拟采用基础形式和埋深等；

3 了解场地周边环境条件及地下管线、高压架空线、地下构筑物等的分布情况。

4.1.2 岩土工程勘察宜采用钻探、触探及其他原位测试相结合的方式进行，对黏性土、粉土和砂土，宜采用静力触探和标准贯入试验；对碎石土，宜采用重型或超重型圆锥动力触探；对黄土或膨胀土，宜布置一定数量探井。

4.2 勘察要求

4.2.1 螺杆桩的详细勘察除应符合现行国家标准《岩土工程勘察规范》GB 50021 的有关要求外，尚应满足下列要求：

1 勘探点的布置：

（1）勘探点宜按建筑物周边线和角点布设；对高度超过 30 层、宽度超过 30 m 的高层建筑物，应在中心点或电梯井、核心筒部位布设勘探点；在建筑物层数、荷载变化较大处应布设勘探点；

（2）控制性勘探点数量不应少于勘探点总数的 1/3；

（3）单栋高层建筑勘探点数量不应少于 4 个，且控制性勘探点不少于 2 个;对密集高层建筑群,勘探点可适当减少,相邻高层建筑的勘探点可相互共用,但每栋建筑物至少应有 1 个控制性勘探点;

(4)高重心的独立构筑物,如烟囱、水塔等,以及重大设备基础、动力设备基础应单独布置勘探点,勘探点数量不宜少于 3 个。

2 勘探点间距:

(1)宜按 20～30 m 间距布置勘察点,遇到土层性质或状态在水平方向变化较大,或存在可能影响成桩的土层时,应适当加密勘探点;

(2)对于荷载较大或深厚填土、碎石土、岩土界面坡率大于 10% 等复杂地基的一柱一桩工程,宜每柱设置勘探点。

3 勘探孔深度:

(1)一般性勘探孔深度应达到预计桩端以下($3～5$)D 且不应小于 3 m;对于嵌岩桩,勘探孔深度均应达到预计嵌岩面以下($3～5$)D,如遇基岩破碎带或溶洞等,应进入稳定地层;

(2)对需做变形计算的地基,控制性勘探孔的深度应超过地基变形计算深度以下 1～2 m;

(3)需设置抗拔桩时,勘探孔深度应满足抗拔承载力评价的要求。

4.2.2 施工揭露地质条件与勘察报告出现明显差异时,应进行施工勘察。

4.3 勘察评价

4.3.1 应根据已掌握勘察资料,评价螺杆桩成孔和成桩的可能性,并应有明确结论。

4.3.2 应分析成桩工艺对周围土体、邻近建筑、工程设施和环境的影响,并提出保护措施建议。

4.3.3 应对场地的不良地质作用以及液化土、湿陷性土、膨胀性土、填土等特殊岩土对桩基工程的危害程度有明确的判断和结论，并提出防治方案建议。

4.3.4 应提供场地地下水的类型、埋藏条件、水位标高等水文地质条件，并判定地下水对建筑材料的腐蚀性，评价地下水对螺杆桩基础设计和施工的影响。

4.3.5 应提供各层岩土的桩侧阻力、桩端阻力、天然地基承载力及抗剪强度等岩土参数，必要时提出估算的竖向承载力和水平承载力。

4.3.6 应提供可采用的桩端持力层，提出桩长、桩径、桩间距的建议。

4.3.7 对需要进行沉降计算的工程，应提供计算所需的各层岩土的变形参数，并宜进行沉降估算。

5 设 计

5.1 一般规定

5.1.1 螺杆桩作为桩基础的基桩时,桩顶作用效应及承载力计算应符合现行行业标准《建筑桩基技术规范》JGJ 94 的相关规定。

5.1.2 螺杆桩作为复合地基的增强体时,基底压力及承载力计算应符合现行国家标准《建筑地基基础设计规范》GB 50007 的相关规定。

5.1.3 螺杆桩尺寸可参考附录 B 确定。当采用非常规尺寸时,尚应对螺牙的受力进行验算或试验。

5.1.4 螺杆桩直杆段长度宜为桩长的 1/3～3/4。

5.1.5 桩身配筋率宜取 0.35%～0.65%,小直径桩取高值;受荷载特别大的桩应通过计算确定配筋率。

5.1.6 抗压桩桩身纵向主筋应不少于 6φ10;承受水平荷载的桩,桩身纵向主筋应不小于 8φ12;纵向主筋沿桩身周边应均匀布置,净距不应小于 60 mm;纵向主筋长度应符合下列规定:

    1 螺杆桩桩身配筋长度不宜小于 2/3 桩长;当受水平荷载时,配筋长度尚不宜小于 $4.0/\alpha$(α 为桩水平变形系数);

    2 承受地震作用的基桩,桩身配筋长度应穿过可液化土层和软弱土层;

    3 受负摩阻力的桩,配筋长度应穿过软弱土层进入稳定土层,进入深度不应小于 $(2～3)D$;

    4 抗拔桩应沿桩身通长配筋。

5.1.7 螺杆桩主筋混凝土保护层厚度不应小于 35 mm,水下灌注时,主筋混凝土保护层厚度不应小于 50 mm。

5.1.8 螺杆桩桩身混凝土强度应符合下列要求:

1 螺杆桩作为桩基础的基桩时,桩身混凝土强度等级不应小于 C30;

2 螺杆桩作为复合地基增强体时,桩身混凝土强度等级不应小于 C25。

5.2 桩基础设计

5.2.1 螺杆桩单桩极限承载力标准值应通过现场静载试验确定。初步设计时可按下式计算:

$$Q_{uk} = Q_{sk1} + Q_{sk2} + Q_{pk} = u \sum \beta_{si} q_{sik} l_i + u \sum \beta_{sj} q_{sjk} l_j + q_{pk} A_p$$

$$(5.2.1)$$

式中　Q_{sk1}——单桩直杆段总极限侧阻力标准值,kN;

$\quad\quad Q_{sk2}$——单桩螺纹段总极限侧阻力标准值,kN;

$\quad\quad Q_{pk}$——单桩总极限端阻力标准值,kN;

$\quad\quad u$——桩身周长,$u = \pi D$,m;

$\quad\quad q_{sik}$、q_{sjk}——桩侧直杆段第 i 层土、螺纹段第 j 层土的极限侧阻力标准值,无地区经验时,可按表 5.2.1-1 取值;

$\quad\quad q_{pk}$——单桩极限端阻力标准值,无地区经验时,可按表 5.2.1-2取值;

$\quad\quad l_i$、l_j——桩周直杆段第 i 层土、螺纹段第 j 层土的厚度,m;

$\quad\quad \beta_{si}$、β_{sj}——直杆段第 i 层土、螺纹段第 j 层土的桩侧极限侧阻力增强系数,宜根据现场单桩静载试验结果确定,无地区经验时,β_{si} 可取 1.0,β_{sj} 可按表 5.2.1-3取值。

表 5.2.1-1　桩的极限侧阻力标准值 q_{sik}、q_{sjk}　（单位:kPa）

土的名称	土的状态		q_{sik}/q_{sjk}
填土	—		20～28
淤泥	—		12～18
淤泥质土	—		20～28
黏性土	流塑	$I_L > 1$	21～38
	软塑	$0.75 < I_L \leqslant 1$	38～53
	可塑	$0.50 < I_L \leqslant 0.75$	53～66
	硬可塑	$0.25 < I_L \leqslant 0.50$	66～82
	硬塑	$0 < I_L \leqslant 0.25$	82～94
	坚硬	$I_L \leqslant 0$	94～104
粉土	稍密	$e > 0.9$	24～42
	中密	$0.75 \leqslant e \leqslant 0.90$	42～62
	密实	$e < 0.75$	62～82
粉砂、细砂	稍密	$10 < N \leqslant 15$	22～46
	中密	$15 < N \leqslant 30$	46～64
	密实	$N > 30$	64～86
中砂	中密	$15 < N \leqslant 30$	53～72
	密实	$N > 30$	72～94
粗砂	中密	$15 < N \leqslant 30$	76～98
	密实	$N > 30$	98～120
砾砂	稍密	$5 < N_{63.5} \leqslant 15$	60～100
	中密、密实	$N_{63.5} > 15$	112～130
圆砾、角砾	中密、密实	$N_{63.5} > 10$	135～150
碎石、卵石	中密、密实	$N_{63.5} > 10$	150～170
全风化软质岩	—	$30 < N \leqslant 50$	80～100
全风化硬质岩	—	$30 < N \leqslant 50$	120～150
强风化软质岩	—	$N_{63.5} > 10$	140～220
强风化硬质岩	—	$N_{63.5} > 10$	160～260

注:1. 对于尚未完成自重固结的填土和以生活垃圾为主的杂填土,不计算其侧阻力。
　2. N 为标准贯入击数,$N_{63.5}$ 为重型圆锥动力触探击数。
　3. 全风化、强风化软质岩和全风化、强风化硬质岩系指其母岩分别为 $f_{rk} \leqslant 15$ MPa、$f_{rk} > 30$ MPa 的岩石。

表 5.2.1-2　桩的极限端阻力标准值 q_{pk}

（单位：kPa）

土的名称		土的状态	q_{pk}		
			$5 \leqslant l < 10$	$10 \leqslant l < 15$	$l \geqslant 15$
黏性土	软塑	$0.75 < I_L \leqslant 1$	200~400	400~700	700~950
	可塑	$0.50 < I_L \leqslant 0.75$	500~700	800~1 100	1 000~1 600
	硬可塑	$0.25 < I_L \leqslant 0.50$	850~1 100	1 500~1 700	1 700~1 900
	硬塑	$0 < I_L \leqslant 0.25$	1 600~1 800	2 200~2 400	2 600~2 800
粉土	中密	$0.75 \leqslant e \leqslant 0.90$	800~1 200	1 200~1 400	1 400~1 600
	密实	$e < 0.75$	1 200~1 700	1 400~1 900	1 600~2 100
粉砂	稍密	$10 < N \leqslant 15$	500~950	1 300~1 600	1 500~1 700
	中密、密实	$N > 15$	900~1 000	1 700~1 900	1 700~1 900
细砂	中密、密实	$N > 15$	1 200~1 600	2 000~2 400	2 400~2 700
中砂			1 800~2 400	2 800~3 800	3 600~4 400
粗砂			2 900~3 600	4 000~4 600	4 600~5 200

续表 5.2.1-2

土的名称	土的状态	q_{pk}		
		$5 \leq l < 10$	$10 \leq l < 15$	$l \geq 15$
砾砂	中密、密实　$N_{63.5} > 15$		$3\,500 \sim 5\,000$	
圆砾、角砾	中密、密实　$N_{63.5} > 10$		$4\,000 \sim 5\,500$	
碎石、卵石	中密、密实　$N_{63.5} > 10$		$4\,500 \sim 6\,500$	
全风化软质岩	—　$30 < N \leq 50$		$1\,200 \sim 2\,000$	
全风化硬质岩	—　$30 < N \leq 50$		$1\,400 \sim 2\,400$	
强风化软质岩	—　$N_{63.5} > 10$		$1\,600 \sim 2\,600$	
强风化硬质岩	—　$N_{63.5} > 10$		$2\,000 \sim 3\,000$	

注:1. l 为螺杆桩中桩长,m。

2. 砂土和碎石土中桩的极限端阻力取值,宜综合考虑土的密实度,桩端进入持力层的深径比 h_b/D,土愈密实,h_b/D 愈大,取值愈高。

3. 全风化、强风化软质岩和全风化、强风化硬质岩系指其母岩分别为 $f_{rk} \leq 15$ MPa、$f_{rk} > 30$ MPa 的岩石。

表 5.2.1-3　桩侧极限侧阻力增强系数 β_{sj}

土的名称	土的状态	桩侧极限侧阻力增强系数 β_{sj}
黏性土	软塑—可塑	1.0～1.5
	可塑—硬塑	1.5～1.8
	硬塑—坚硬	1.8～1.5
粉土	稍密	1.4～1.6
	中密	1.6～1.8
	密实	1.8～1.5
粉细砂	稍密	1.5～1.7
	中密	1.7～1.8
	密实	1.8～1.5
中砂	中密	1.6～1.7
	密实	1.7～1.5
粗砂	中密	1.6～1.7
	密实	1.7～1.5
砾砂	中密、密实	1.7～1.5
砾石、卵石	松散	1.6～1.8
	中密、密实	1.6～1.3
风化岩	全风化—中风化	1.6～1.4

5.2.2 对于桩身周围有液化土层的低承台桩基,当承台底面上下分别有厚度不小于1.5 m、1.0 m 的非液化土层或非软弱土层时,可将液化土层极限侧阻力乘以土层液化影响折减系数计算单桩极限承载力标准值。土层液化影响折减系数可按表5.2.2确定。

表 5.2.2 土层液化影响折减系数

$\lambda_N = \dfrac{N}{N_{cr}}$	自地面算起的液化土层深度 d_L(m)	土层液化影响折减系数
$\lambda_N \leqslant 0.6$	$d_L \leqslant 10$	0
	$10 < d_L \leqslant 20$	1/3
$0.6 < \lambda_N \leqslant 0.80$	$d_L \leqslant 10$	1/3
	$10 < d_L \leqslant 20$	2/3
$0.8 < \lambda_N \leqslant 1.0$	$d_L \leqslant 10$	2/3
	$10 < d_L \leqslant 20$	1

注:1. N 为饱和土标贯击数实测值,N_{cr} 为液化判别标贯击数临界值。

2. 当桩距不大于 $4D$ 且桩的排数不少于 5 排、总桩数不少于 25 根时,土层液化影响折减系数可按表列值提高一档取值。

当承台底面上下非液化土层厚度小于以上规定时,土层液化影响折减系数取为 0。

5.2.3 湿陷性黄土地基中的单桩极限承载力,宜以浸水载荷试验为主要依据;自重湿陷性黄土地基中的单桩极限承载力,应根据工程具体情况分析计算桩侧负摩阻力的影响。

5.2.4 确定膨胀土地基中的单桩极限承载力时,除不计入膨胀深度范围内桩侧阻力外,还应考虑地基土的膨胀作用,验算桩基的抗拔稳定性和桩身受拉承载力。

5.2.5 螺杆桩桩身正截面受压承载力应符合下列规定:

$$N \leqslant \psi_c f_c A_p \qquad (5.2.5\text{-}1)$$

$$N_s \leqslant \psi_c f_c A_s \qquad (5.2.5\text{-}2)$$

式中 N——荷载效应基本组合时,桩顶轴向压力设计值,kN;

N_s——荷载效应基本组合时,作用于螺纹段顶截面的轴向压力设计值,kN,无经验时可按下式计算:$N_s = N - 0.675u \sum q_{sik} l_i$,其中 l_i 为桩周直杆段第 i 层土的厚度,m;

f_c——混凝土轴心抗压强度设计值,应符合现行国家标准
《混凝土结构设计规范》GB 50010 的有关规定;

A_p——桩身截面积,$A_p = \dfrac{\pi D^2}{4}$,m^2;

A_s——桩身螺纹段截面积,$A_s = \dfrac{\pi d^2}{4}$,m^2;

ψ_c——成桩工艺系数,一般可取为 0.75。

5.2.6 桩端持力层下受力范围内存在承载力低于桩端持力层承载力 1/3 的软弱下卧层时,可按下列公式验算软弱下卧层的承载力(见图 5.2.6):

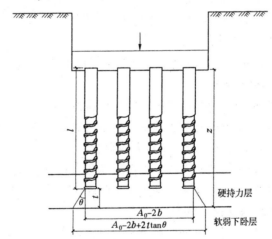

图 5.2.6 软弱下卧层承载力验算

$$\sigma_z + \gamma_m z \leqslant f_{az} \qquad (5.2.6-1)$$

$$\sigma_z = \frac{F_k + G_k - 3/2(A_0 + B_0)\sum q_{sik}l_i}{(A_0 - 2b + 2t\tan\theta)(B_0 - 2b + 2t\tan\theta)} \quad (5.2.6-2)$$

式中 σ_z——作用于软弱下卧层顶面的附加应力,kPa;

γ_m——软弱层顶面以上各土层重度(地下水位以下取浮重

度)按厚度加权平均值,kN/m^3;

z——承台底面至软弱下卧层顶面的距离,m;

t——硬持力层厚度,m;

f_{az}——软弱下卧层经深度 z 修正的地基承载力特征值,kPa;

A_0、B_0——桩群外缘矩形底面的长、短边边长,m;

b——螺牙宽度,m;

q_{sik}——桩周第 i 层土的极限侧阻力标准值,kPa;

θ——桩端硬持力层压力扩散角,按表5.2.6取值。

表5.2.6 桩端硬持力层压力扩散角 θ

E_{s1}/E_{s2}	$t = 0.25B_0$	$t \geqslant 0.5B_0$
1	4°	12°
3	6°	23°
5	10°	25°
10	20°	30°

注:1. E_{s1}、E_{s2} 为硬持力层、软弱下卧层的压缩模量。

2. 当 $t < 0.25B_0$ 时,取 $\theta = 0°$,必要时,宜通过试验确定;当 $0.25B_0 < t < 0.50B_0$ 时,可内插取值。

5.2.7 承受拔力的桩基,应按下列公式同时验算群桩基础呈整体破坏和呈非整体破坏时基桩的抗拔承载力:

$$N_k \leqslant T_{uk}/2 + G_p \qquad (5.2.7\text{-}1)$$

$$N_k \leqslant T_{gk}/2 + G_{gp} \qquad (5.2.7\text{-}2)$$

式中 N_k——按荷载效应标准组合计算的基桩拔力,kN;

T_{uk}——群桩呈非整体破坏时基桩的抗拔极限承载力标准值,kN,可按下式计算:

$$T_{uk} = \sum \lambda_i q_{sik} u_i l_i$$

其中 u_i 为桩身周长,m,$u_i = \pi D$,λ_i 为抗拔系数,可

按表 5.2.7 取值；

表 5-2-7　抗拔系数 λ_i

土类	λ_i 值
砂类	0.50～0.70
黏性土、粉土	0.70～0.80

注：桩长 l 与桩径 D 之比小于 20 时，λ_i 取小值。

　T_{gk}——群桩呈整体破坏时基桩的抗拔极限承载力标准值，kPa，可按下式计算：

$$T_{gk} = \frac{1}{n} u_l \sum \lambda_i q_{sik} l_i$$

　　其中 u_l 为桩群外围周长，m；

　G_p——基桩自重，地下水位以下取浮重度，kN；

　G_{gp}——群桩基础所包围体积的桩土总自重除以总桩数，地下水位以下取浮重度，kN。

5.2.8　对于受水平荷载较大、建筑桩基设计等级为甲级的建筑物，螺杆桩的水平承载力特征值应通过单桩载荷试验确定，检测数量应符合现行行业标准《建筑基桩检测技术规范》JGJ 106 的有关规定；当缺少单桩水平载荷试验资料时，螺杆桩水平承载力估算可按现行行业标准《建筑桩基技术规范》JGJ 94 执行。

5.2.9　螺杆桩桩基的沉降计算可按现行行业标准《建筑桩基技术规范》JGJ 94 执行。·

5.3　复合地基设计

5.3.1　螺杆桩复合地基承载力特征值应通过现场载荷试验确定。初步设计时可按下式计算：

$$f_{spk} = \lambda m \frac{R_a}{A_p} + \beta (1 - m) f_{sk} \qquad (5.3.1)$$

式中 f_{spk}——复合地基承载力特征值,kPa;

f_{sk}——处理后桩间土承载力特征值,kPa,可按地区经验确定,无地区经验时,一般黏性土可取天然地基承载力特征值,松散砂土、粉土可取天然地基承载力特征值的(1.2~1.5)倍;

R_a——单桩竖向承载力特征值,kN;

λ——单桩承载力发挥系数,可按地区经验取值,无地区经验时,可取0.8~0.9;

m——面积置换率,$m = D^2/D_e^2$,D_e 为一个桩分担的处理地基面积的等效圆直径,等边三角形布桩 $D_e = 1.05s$,正方形布桩 $D_e = 1.13s$,矩形布桩 $D_e = 1.13\sqrt{s_1 s_2}$,s、s_1、s_2 分别为桩间距、纵向桩间距和横向桩间距,m;

β——桩间土承载力发挥系数,可按地区经验取值,无经验时可取0.9~1.0。

5.3.2 螺杆桩作为复合地基的增强体时,桩身强度应满足式(5.3.2-1)的要求,当复合地基承载力进行基础埋深的深度修正时,增强体桩身强度应满足式(5.3.2-2)的要求:

$$f_{cu} \geqslant 4\frac{\lambda R_a}{A_p} \qquad (5.3.2-1)$$

$$f_{cu} \geqslant 4\frac{\lambda R_a}{A_p}\left[1 + \frac{\gamma_m(d - 0.5)}{f_{spa}}\right] \qquad (5.3.2-2)$$

式中 f_{cu}——桩体试块(边长150 mm立方体)标准养护28 d的立方体抗压强度平均值,kPa;

γ_m——基础底面以上土的加权平均重度,地下水位以下取浮重度,kN/m³;

d——基础埋置深度,m;

f_{spa}——深度修正后的复合地基承载力特征值,kPa。

5.3.3 螺杆桩复合地基在受力范围内存在软弱下卧层时,应进行软弱下卧层地基承载力验算,验算方法按本规程 5.2.6 条执行。

5.3.4 螺杆桩复合地基应在基础和增强体之间设置褥垫层,褥垫层的设置应符合下列规定:

1 褥垫层厚度宜按下列要求确定:

(1)一般条件下的复合地基,褥垫层厚度宜取 100 ~ 300 mm,桩竖向抗压承载力高、桩径或桩距大时应取高值;

(2)多桩型复合地基,对长短桩复合地基,宜取对复合地基承载力贡献较大的增强体直径的 1/2,对螺杆桩与其他材料增强体桩组合的复合地基,宜取螺杆桩直径的 1/2。

2 褥垫层材料可选用中砂、粗砂或最大粒径不大于 25 mm 的级配砂石;

3 对膨胀土地基或未要求全部消除湿陷性的黄土地基,宜采用灰土褥垫层,其厚度不宜小于 300 mm;

4 砂石褥垫层夯填度(夯实后的厚度与虚铺厚度的比值)不应大于 0.9,灰土褥垫层压实系数不应小于 0.95;

5 褥垫层设置范围应大于基础范围,每边超出基础外边缘宽度宜为 200 ~ 300 mm。

5.3.5 螺杆桩复合地基变形计算可按现行行业标准《建筑地基处理技术规范》JGJ 79 的有关规定执行。

6 施 工

6.1 一般规定

6.1.1 施工场地应符合下列规定：

1 施工场地天然地基承载力应大于桩机接地压强的1.2倍；

2 施工前应平整场地，清除地上和地下障碍物，地面坡度宜小于3%；

3 桩基施工区域内，不应有妨碍施工的高压线路、地下障碍物及地下管线，当无法避免时应有符合安全规范的措施；

4 桩基施工用的供水、供电、道路、排水、临时房屋等临时设施，必须在开工前准备就绪；

5 邻近边坡的桩基应在完成边坡支护后施工。

6.1.2 终孔的控制深度应符合下列要求：

1 桩端位于一般土层的螺杆桩，应以控制桩长为主，以控制电流值为辅；

2 桩端进入坚硬、硬塑的黏性土，中密以上的粉土、砂土、卵石，极软岩—软岩的螺杆桩，应以控制电流值为主，以控制桩长为辅；

3 若电流值达到要求而设计桩长未达到，应查明原因，一般以继续钻进1~3 m确定终孔。

6.1.3 在正式施工前，应按下列要求进行工艺性试桩：

1 应根据设计要求的数量、位置施工试桩。试桩的位置应具有代表性，桩径、桩长应符合设计要求；

2 成孔过程应准确记录成孔深度和成孔时间，结合混凝土供应情况确定混凝土缓凝时间指标；

3 成孔过程应准确记录钻进过程中电流值数据,结合岩土工程勘察报告中的地层性质,将电流统计值作为确定终孔标准的依据;

4 应根据成桩过程确定钻杆钻进、提升参数和混凝土灌注参数;

5 成桩施工过程应对桩顶和地面土体竖向及水平向位移进行系统观测;

6 存在挤土敏感土层、易窜孔土层时应进行不同施工间距的成桩试验,确定合理的施工间距。

6.1.4 成桩过程应根据土质、布桩情况,采取消减负面挤土效应的技术措施,确保成桩质量。

6.2 施工准备

6.2.1 螺杆桩施工前应具备下列资料:

1 建筑场地岩土工程勘察报告;

2 桩基工程施工图设计文件及图纸会审纪要;

3 建筑场地和邻近区域地面建筑物及地下管线、地下构筑物等的调查资料;

4 主要施工机械及其配套设备的技术性能资料;

5 桩基工程的施工组织设计;

6 水泥、砂、石、钢筋等原材料的质检报告;

7 有关承载力、施工工艺的试验参考资料。

6.2.2 施工人员应符合下列规定:

1 应根据施工组织设计的要求,合理配备人员,建立健全工程质量保证体系;

2 施工前必须对作业人员做好技术交底和安全交底工作。

6.2.3 施工机械及其配套设备的技术性能应符合下列规定:

1 施工机械应根据桩径、钻孔深度、土层情况和试桩资料综合确定；

　　2 采用的设备设施应具有出厂合格证，其性能指标应符合现行国家相关标准的规定；

　　3 应根据桩基施工过程质量控制的要求配备相应的检查仪器、仪表，其技术性能指标应符合现行国家相关标准的规定。

6.2.4 施工材料的技术性能应符合下列规定：

　　1 钢材应具有出厂质量证明书，商品混凝土应具有配合比报告和原材料检验报告。材料进场时应分批检验，并按现行国家有关标准的规定取样进行复验，合格后方可使用。

　　2 混凝土的技术性能应符合下列规定：

　　（1）水泥宜采用硅酸盐水泥或普通硅酸盐水泥；

　　（2）细骨料宜采用中砂、粗砂；

　　（3）粗骨料可采用卵石或碎石，最大粒径不宜大于 20 mm，且不得大于钢筋笼主筋最小净距的 1/3；

　　（4）混凝土坍落度宜为 180～220 mm；采用商品混凝土，运送时应根据运距、温度等条件预留混凝土坍落度损失量。

6.2.5 施工前应对场地测量基准控制点和水准点进行复核，建立桩基轴线控制网。

6.3 施 工

6.3.1 螺杆桩施工应根据土层情况和荷载要求分别选择合适的工法组合，宜按表 6.3.1 选用。

表 6.3.1 螺杆桩成桩工法

桩段		下钻	提钻
直杆段	常规工法	正向同步技术	正向非同步技术
	坚硬土层	正向非同步技术	
螺纹段		正向同步技术	反向同步技术

6.3.2 螺杆桩施工工艺流程如图6.3.2所示。

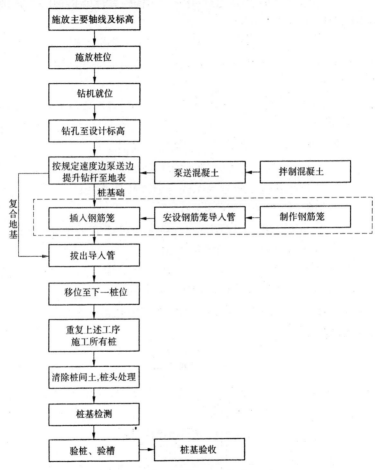

图6.3.2 螺杆桩施工工艺流程

6.3.3 螺杆桩的施工顺序应符合下列规定：

1 布桩较密且距周边建(构)筑物较远、施工场地较开阔时，宜从中间开始向四周进行；布桩密集、场地狭长、两端距建(构)筑

物较远时,宜从中间开始向两端进行;布桩密集且一侧靠近建(构)筑物时,宜从毗邻建(构)筑物的一侧开始由近及远地进行;

2 宜先施工长桩,后施工短桩;

3 宜先施工大直径桩,后施工小直径桩;

4 宜先施工主楼(高层)桩,后施工裙房(低层)桩;

5 宜先施工密距桩,后施工疏距桩;

6 桩间距小于3倍桩外径时或存在液化土层时,宜采用跳桩施工;

7 确定桩机行走路线,避免桩机碾压成品桩。

6.3.4 螺杆桩成孔过程应符合下列规定:

1 桩机就位后必须保证平整、稳固,确保在成桩过程中不发生倾斜和偏移,钻机上应设置控制深度和垂直度的仪表和标尺,并应在施工中进行观测记录;

2 施工钻机就位后,应进行桩位复查,桩位偏差不得大于20 mm;

3 桩机开始下钻时,下钻速度应缓慢,钻进过程中,桩机施加扭矩的同时施加竖向压力,钻杆正向旋转钻进;

4 钻头达到设计深度前,不应提升或反向旋转钻杆。

6.3.5 螺杆桩提钻及泵送混凝土过程应符合下列规定:

1 当钻头达到设计深度后,停止钻进,开始泵送混凝土,当钻杆芯管充满混凝土后,采用反向同步技术,反向旋转提升钻杆,提钻过程应采用自控系统严格控制钻杆的提升速度和旋转速度;

2 当钻头提升至螺纹段顶端时,钻杆停止旋转,同时停止混凝土泵送和提钻,正向旋转钻杆一周后,继续泵送混凝土,同时向上提升钻杆完成桩身的灌注;

3 提钻及泵送过程应连续进行,提钻速度应与混凝土泵送量相匹配;

4 严禁先提钻后泵送混凝土,提钻过程中钻杆芯管内混凝土

高度不得低于1.0 m;

    5 施工中应控制最后一次灌注量,超灌高度宜大于1.0 m,凿除浮浆后必须保证暴露的桩顶混凝土强度达到设计等级;对欠固结土或可能产生剪切液化的粉土、粉砂,应通过试验确定超灌高度;

    6 螺杆桩的混凝土充盈系数宜为1.1~1.3,且不得小于1.1。

6.3.6 螺杆桩钢筋笼制作、安装应符合下列规定:

    1 钢筋笼的材质、尺寸应符合设计要求;

    2 加劲箍筋宜设置在主筋内侧,当因施工有特殊要求时也可置于外侧;

    3 钢筋笼焊接应全节点焊接,并应符合现行行业标准《钢筋焊接及验收规程》JGJ 18和《混凝土结构工程施工质量验收规范》GB 50204的要求;

    4 搬运和吊装钢筋笼时,应防止变形;

    5 螺杆桩宜采用后插钢筋笼工艺安装钢筋笼,插筋过程应慢放,并应采取有效措施保证钢筋笼的垂直度和保护层厚度,避免钢筋笼碰撞孔壁。

6.3.7 成桩过程中,应现场取样制作混凝土试块,每个灌注台班不得小于1组,每组试件不应少于3件。

6.3.8 清桩间土和截桩时,应采用人工或小型机械进行施工,不得造成桩顶标高以下桩身断裂或桩间土扰动。

6.3.9 施工过程中出现异常情况时,应停止施工,由监理和建设单位组织勘察、设计、施工等有关单位共同分析情况,解决问题,消除质量隐患,并应形成文件资料。

7 质量检验与验收

7.1 施工前检验

7.1.1 应对混凝土拌和物原材料质量、混凝土配合比、坍落度等进行检查。

7.1.2 砂、石子、水泥、钢材等原材料质量的检验项目和方法应符合国家现行有关标准的规定。

7.1.3 应按以下要求对螺杆桩钢筋笼制作质量进行检查：

    1 应对钢筋规格、焊条规格、品种、焊口规格、焊缝长度、焊缝外观和质量、主筋和箍筋的制作偏差等进行检查；

    2 钢筋笼制作允许偏差应符合表7.1.3的规定。

表7.1.3 钢筋笼制作允许偏差

项目	允许偏差(mm)
主筋间距	±10
箍筋间距	±20
钢筋笼直径	±10
钢筋笼长度	±100

7.2 施工检验

7.2.1 螺杆桩桩基础施工检验应符合表7.2.1的规定。

7.2.2 螺杆桩复合地基施工检验应符合表7.2.2的规定。

7.2.3 施工过程应对桩顶和地面土体的竖向和水平位移进行系统观测，若发现异常，应及时采取有效措施。

表 7.2.1 螺杆桩桩基础质量检验标准

项目	序号	检查项目		允许偏差或允许值		检查方法
				单位	数值	
主控项目	1	桩位	1~3 根桩、条形桩基沿垂直轴线方向和群桩基础中的边桩	mm	70	量桩中心
			条形桩基沿轴线方向和群桩基础的中间桩	mm	150	
	2	孔深		mm	+300	测钻杆
	3	桩身质量检验			设计要求	按《建筑基桩检测技术规范》JGJ 106 中相关规定执行
	4	混凝土强度			设计要求	试件报告
	5	承载力			设计要求	按《建筑基桩检测技术规范》JGJ 106 中相关规定执行
一般项目	1	垂直度			≤1%	用经纬仪或全站仪测钻杆
	2	桩径		mm	-20 mm	井径仪，用钢尺量
	3	混凝土坍落度		mm	180~220	坍落度仪
	4	钢筋笼安装深度		mm	±100	用钢尺量
	5	混凝土充盈系数			>1.1	检查每根桩的实际灌注量
	6	桩顶标高		mm	+30 -50	水准仪，需扣除桩顶浮浆及劣质桩体

表 7.2.2 螺杆桩复合地基质量检验标准

项目	序号	检查项目	允许偏差或允许值		检查方法
			单位	数值	
主控项目	1	原材料	设计要求		查产品合格证或抽样送检
	2	桩径	mm	−20	用钢尺量
	3	桩身强度	设计要求		查 28 天试块强度
	4	地基承载力	设计要求		按《建筑地基检测技术规范》JGJ 340 中相关规定执行
一般项目	1	桩身完整性	设计要求		按《建筑地基检测技术规范》JGJ 340 中相关规定执行
	2	桩位偏差	满堂布≤0.40D 条基布≤0.25D		用钢尺量
	3	桩垂直度	%	≤1.5	用经纬仪测桩管
	4	桩长	mm	+100	测钻杆
	5	混凝土坍落度	mm	180~220	坍落度仪
	6	混凝土充盈系数		>1.1	检查每根桩的实际灌注量
	7	桩顶标高	mm	+30 −50	水准仪,需扣除桩顶浮浆及劣质桩体
	8	砂石褥垫层夯填度		≤0.9	用钢尺量
		灰土褥垫层压实系数		≥0.95	采用环刀法

7.3 施工后检验

7.3.1 施工完成后的工程桩应进行承载力和桩身质量检验。

7.3.2 承载力检验宜在施工结束 28 天后进行，其桩身强度应满足试验荷载条件。

7.3.3 基桩承载力检验应采用单桩静载荷试验，复合地基承载力检验应采用复合地基静载荷试验和单桩静载荷试验。

7.3.4 桩身质量除对预留混凝土试件进行强度等级检验外，尚应进行现场检测，检测方法可采用可靠的动测法。

7.3.5 采用低应变法检测螺杆桩桩身完整性时，抽检数量不应少于总桩数的 30%，且不得少于 20 根。

7.3.6 桩身完整性及承载力检测，除应符合本规程规定外，尚应符合现行行业标准《建筑基桩检测技术规范》JGJ 106 和《建筑地基检测技术规范》JGJ 340 的有关规定。

7.4 验收资料

7.4.1 当桩顶设计标高与施工场地标高相近时，基桩的验收应待基桩施工完毕后进行；当桩顶设计标高低于施工场地标高时，应待开挖至设计标高后进行验收。

7.4.2 基桩验收应包括下列资料：

    1 岩土工程勘察报告、桩基施工图、图纸会审纪要、设计变更单等；

    2 经审定的施工组织设计；

    3 桩位测量放样及复核记录；

    4 材料质量证明文件和进场检验报告；

    5 施工记录及隐蔽工程验收文件；

    6 桩身完整性、单桩承载力检测报告；

    7 桩基竣工图；

    8 其他必须提供的文件和记录。

8 安全和环境保护

8.0.1 螺杆桩施工安全管理和施工现场环境与卫生管理应符合现行行业标准《建筑施工安全检查标准》JGJ 59 和《建筑施工现场环境与卫生标准》JGJ 146 的有关规定。

8.0.2 施工作业人员管理应符合下列规定：

    1 施工单位应对从业人员定期进行安全生产教育和安全生产操作技能培训，未经培训考核合格的作业人员，严禁上岗作业；

    2 作业人员应配备符合国家标准的劳动防护用品，未按规定佩戴和使用劳动防护用品的施工作业人员，严禁上岗作业。

8.0.3 施工机械设备管理应符合下列规定：

    1 施工机械设备的操作应符合现行行业标准《建筑机械使用安全技术规程》JGJ 33 的规定，应定期对施工机械设备、工具和配件进行检查，确保完好和使用安全；

    2 施工过程中不应使用国家、行业、地方政府明令淘汰的施工机械设备。

8.0.4 施工现场临时用电应符合现行行业标准《施工现场临时用电安全技术规定》JGJ 46 的规定。

8.0.5 施工现场焊、割作业点，氧气瓶、乙炔瓶、易燃易爆物品的距离和防火要求应符合有关规定。

8.0.6 施工作业应符合下列安全要求：

    1 螺杆桩机或配合作业的相关机具在工作时，必须有专业人员指挥，任何人员不得在工作回转半径范围内停留或通过；

    2 起落钻具时，作业人员不得站在钻具升降范围内；

    3 不得在钻塔上进行与升降钻具无关的作业；

4 钻具处于悬吊状态时,不得探视或用手触摸钻具内的岩、土样;严禁用手清理螺旋叶片上的泥土,防止割伤;

5 提升作业时,保留在卷筒上的钢丝绳不应少于3圈;钢丝绳与提引装置的连接绳卡不应少于3个;最后一个绳卡距绳头的长度应大于0.14 m;

6 成桩后应该在桩位周围设置围栏或护栏、盖板等安全防护设施,每个作业班结束后,应对孔口防护进行逐一检查,严禁非施工作业人员入内。

8.0.7 特殊气象条件下施工应符合下列安全要求:

1 遇6级以上大风、暴雨、雷电、冰雹、浓雾、沙尘暴、暴雪等气象灾害时,应停止现场施工作业,并做好施工设备和作业人员的安全生产防护工作;发生灾害后,应对施工机械、用电设备等进行检查,在确认无安全事故隐患后方可恢复施工作业。

2 高温季节作业现场应配备防暑降温用品和急救药品;日最高气温高于40 ℃时,应停止施工作业。

3 冬季施工作业应符合下列规定:

(1)作业人员应穿戴防寒劳动保护用品,不得徒手作业;

(2)作业现场应采取防滑措施,并应及时清除作业场地内和钻机上的冰雪;

(3)最低气温低于5 ℃时,给水设施应采取防冻措施;

(4)施工机械设备应按规定采取防冻措施。

8.0.8 施工作业需符合下列环境保护要求:

1 施工组织设计应包含建筑物、地下管线的安全保护技术措施,并标出施工区域内外的建筑物、地下管线的分布示意图;

2 临时设施应建盖在安全场地,临时设施及辅助施工场所应采取环境保护措施,减少土地占压和生态环境破坏;

3 施工作业前,应对作业人员进行环境保护交底;

4 对机械使用、维修保养过程中产生的废弃物应集中收集存

放、统一处理,严禁机械使用的油类渗漏进入地下水中或市政下水道;

5 施工现场严禁焚烧各类废弃物,作业过程产生的弃土弃渣应集中堆放,易产生扬尘的渣土应采取覆盖、洒水等防护措施;

6 施工现场应设置排水系统,排水沟的废水应经沉淀过滤达到标准后,方可排入市政排水管网;施工现场出入口处应设置冲洗设施、污水池和排水沟,应由专人对进出车辆进行清洗保洁;

7 施工期间应严格控制噪声,并应符合现行国家标准《建筑施工场所噪声限值》GB 12523 的规定。

附录 A 螺杆桩大样图

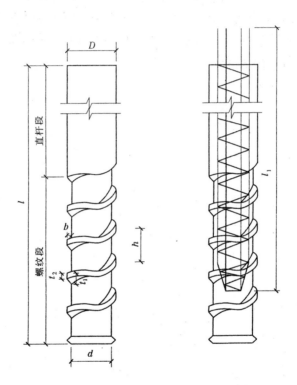

D—螺杆桩直径；d—螺纹段直径；l—螺杆桩桩长；
t_1—螺牙内侧厚度；t_2—螺牙外侧厚度；b—螺牙宽度；
h—螺距；l_1—钢筋笼长度

图 A.0.1 螺杆桩大样图

附录 B　常规螺杆桩尺寸

表 B.0.1　常规螺杆桩尺寸　　　　（单位：mm）

螺杆桩直径 D	螺纹段直径 d	螺距 h	螺牙宽度 b	螺牙厚度	
				内侧 t_1	外侧 t_2
400	300	350/400	50	100	50
500	300	350/400	100	100	50
500	300	350/400	100	100	60
500	377	350/400	61.5	100	50
500	377	440	61.5	120	60
550	377	440	86.5	120	60
600	377	440~480	111.5	120	60
700	480	460~500	110	157	65

注：螺杆桩尺寸也可根据工程实际情况及设计要求进行相应调整。

附录 C 桩机适用土层选择

表 C.0.1 桩机适用土层选择

型号	桩径(mm)	最大成孔深度(m)	动力头功率(kW)	输出扭矩(kN·m)	穿越土层										桩端进入持力层				
					一般黏性土及填土	粉土	砂土	碎石土	膨胀土	黄土	中间有硬夹层	中层有砂夹层	中层有砾石夹层	中层有软弱夹层	硬黏土	密实砂土	碎石土	软质岩石	硬质风化岩石
JZU(B)90	400~500	25	110	250	○	○	○	○	○	○	□	□	□	□	○	□	□	△	△
JZU(B)120	400~600	30	150	300	○	○	○	○	○	○	□	□	□	□	○	○	□	△	△
JZU(B)180	400~800	35	180	350	○	○	○	○	○	○	□	□	□	□	○	○	□	△	△
LGZ-30	400~600	30	150	300	○	○	○	○	○	○	□	□	□	□	○	○	□	△	△
LGZ-40	400~800	32	180	320	○	○	○	○	○	○	□	□	□	□	○	○	□	△	△

注：表中符号"○"表示容易，"□"表示较易，"△"表示难。

附录 D 螺杆桩施工记录表

表 D.0.1 螺杆桩施工记录

施工单位：_____

工程名称：_____

设计桩长：_____ m   设计桩径：_____ mm   编号：_____

施工日期	序号	桩号	地面标高（m）	桩顶标高（m）	桩入土深度（m）	施工桩长（m）	成孔时间		泵送时间		投料量（m³）	持力层钻进电流最大值（A）	备注
							起	止	起	止			

记录：_____   机长：_____   技术负责人：_____   监理：_____

· 37 ·

本规程用词说明

1 为便于执行本规程条文时区别对待,对要求严格程度不同的用词说明如下:

(1)表示很严格,非这样做不可的用词:

正面词采用"必须",反面词采用"严禁"。

(2)表示严格,在正常情况下均应这样做的用词:

正面词采用"应",反面词采用"不应"或"不得"。

(3)表示允许稍有选择,在条件许可时首先应这样做的用词:

正面词采用"宜",反面词采用"不宜"。

(4)表示有选择,在一定条件下可以这样做的用词:

采用"可"。

2 本规程中指定按其他有关标准执行时,写法为"应符合……规定"或"应按……执行"。

引用标准名录

1　《建筑桩基技术规范》JGJ 94
2　《建筑地基处理技术规范》JGJ 79
3　《岩土工程勘察规范》GB 50021
4　《建筑基桩检测技术规范》JGJ 106
5　《建筑施工安全检查标准》JGJ 59
6　《建筑施工现场环境与卫生标准》JGJ 146
7　《建筑机械使用安全技术规程》JGJ 33
8　《建筑施工场所噪声限值》GB 12523
9　《建筑地基基础工程施工质量验收规范》GB 50202
10　《建筑地基基础工程施工规范》GB 51004
11　《建筑地基检测技术规范》JGJ 340

河南省工程建设标准

螺杆桩技术规程

Technical specification for half-screw pile

DBJ41/T160—2016

条 文 说 明

目　次

前　言 ……………………………………………………………… 43

1　总　则 ………………………………………………………… 44

2　术语和符号 …………………………………………………… 45

　　2.1　术　语 ………………………………………………… 45

3　基本规定 ……………………………………………………… 46

4　勘　察 ………………………………………………………… 48

　　4.1　一般规定 ……………………………………………… 48

　　4.2　勘察要求 ……………………………………………… 48

　　4.3　勘察评价 ……………………………………………… 49

5　设　计 ………………………………………………………… 50

　　5.1　一般规定 ……………………………………………… 50

　　5.2　桩基础设计 …………………………………………… 51

　　5.3　复合地基设计 ………………………………………… 54

6　施　工 ………………………………………………………… 55

　　6.1　一般规定 ……………………………………………… 55

　　6.2　施工准备 ……………………………………………… 55

　　6.3　施　工 ………………………………………………… 56

7　质量检验与验收 ……………………………………………… 58

　　7.2　施工检验 ……………………………………………… 58

　　7.3　施工后检验 …………………………………………… 58

前　言

　　为便于广大设计、施工、科研、学校等单位有关人员在使用本标准时能正确理解和执行条文规定,《螺杆桩技术规程》编制组按章、节、条顺序编制了本规程的条文说明,供使用者参考。在使用中如发现本条文说明有不妥之处,请将意见函寄华北水利水电大学或河南省建筑设计研究院有限公司。

1 总 则

1.0.1、1.0.2 螺杆桩是一种桩身由直杆段和螺纹段组成的组合式灌注桩,其成桩过程具有噪声小、微取土、不塌孔、无泥浆、无环境污染等优点,是一种绿色环保的施工方法。同时,螺杆桩独特的结构形式可显著提高其单桩承载力。近几年,螺杆桩技术已在全国 60 多个城市中得到了推广应用,我省郑州、洛阳、商丘、新乡、安阳、濮阳、三门峡等地区多个项目已应用该技术。

为了规范螺杆桩的设计、施工和质量检测,促进该技术在河南省行政区域内的工程应用,制定了本规程。

2 术语和符号

2.1 术　语

2.1.1 螺杆桩属于异形桩的范畴,成桩过程需采用带自控装置的具有特制螺纹钻杆的钻机,钻机钻至设计深度且在土体中形成带螺纹钻孔后,混凝土通过高压泵输送至空心螺纹钻杆并由钻头泵出,通过钻机自控系统严格控制螺纹钻杆提升速度及旋转速度,进而形成带螺牙的混凝土螺杆桩。

3 基本规定

3.0.3 螺杆桩土层的适用性包含两层含义：成孔的可能性和成桩的可能性。成孔的可能性主要指螺杆桩钻机能否在土层中钻进成孔，在坚硬的岩层中，现有螺杆桩钻机难以钻进，在这些岩层中也就不宜采用螺杆桩；成桩的可能性指混凝土灌注后能否形成符合设计尺寸的桩身，对于那些灌注混凝土后难以形成螺牙的土层，不宜采用螺杆桩。

螺杆桩根据施工工艺的不同可分为挤土桩、部分挤土桩，并已在砂土、粉土、黄土、黏性土、回填土、碎石土、粒径小于 500 mm 的颗粒且含量小于或等于 80% 的卵石、全风化岩及强风化岩等土层中得到成功应用。这里，强风化岩一般只指饱和单轴抗压强度不大于 20 MPa 的强风化岩。

当螺杆桩作为复合地基的增强体时，对于具有液化土的场地及具有湿陷性的黄土或回填土场地，宜先通过检测手段确定其能否消除地基液化或湿陷性。当不能消除地基液化或湿陷性时，应先通过其他地基处理方法消除地基液化或湿陷性后再进行螺杆桩施工。

对于其他土层，如果通过试桩和载荷试验能够确定其适用性，也可采用螺杆桩。如我省部分地区地层中存在软土夹层，在这类土层中采用螺杆桩易出现缩径等质量问题，原则上不宜采用螺杆桩。而一些工程实践已表明，施工中采取合理的技术措施后（如采用反插法等），能够保证成桩的质量，可以采用螺杆桩。

3.0.5 螺杆桩直杆段截面面积与螺纹段截面面积存在着明显的差异（如表 1 所示）。在进行桩身承载力验算时，宜分别对这两个截面进行桩身强度验算。

表1　常规螺杆桩尺寸下桩身不同截面面积比较

直杆段直径 $D(\text{mm})$	螺纹段直径 $d(\text{mm})$	面积比
400	300	1.78
500	300	2.78
600	350	2.94
700	450	2.42
800	500	2.56

注:面积比=直杆段截面面积/螺纹段截面面积。

在进行螺纹段桩身强度验算时,作用于截面上的轴向压力设计值应为荷载效应基本组合下作用于桩顶截面的轴向压力设计值减去0.675倍的直杆段总极限侧阻力。

3.0.8 螺杆桩技术作为一项新技术,需采用独特的施工成桩工法,对桩机的性能要求相对较高,施工中可根据实际工程的地质条件、成孔直径、成孔深度等合理选用桩机型号,满足施工要求。

4 勘 察

4.1 一般规定

4.1.1 为满足桩基设计所需的基本资料,除建筑场地工程地质、水文地质资料外,场地的环境条件、新建工程的平面布置、结构类型、荷载分布、使用功能上的特殊要求、结构安全等级、抗震设防烈度、场地类型、桩的施工条件、类似地质条件的试桩资料等,都是桩基设计所需的基本资料。

4.1.2 勘探方法应精心选择,不应单纯采用钻探。触探可以获取连续的定量的数据,又是一种原位测试手段;井探可以直接观察岩土结构,避免单纯依据岩芯判断。因此,勘探手段包括钻探、井探、静力触探和动力触探,应根据具体情况选择。为了发挥钻探和触探的各自特点,宜配合应用。

4.2 勘察要求

4.2.1 为满足设计时验算地基承载力和变形的需要,勘察时应查明拟建建筑物范围内的地层分布、岩土的均匀性。要求勘探点布置在柱列线位置上,对群桩应根据建筑物的体型布置在建筑物轮廓的角点、中心和周边位置上。

设计对勘探孔深度的要求,既要满足选择持力层的需要,又要满足计算基础沉降的需要。因此,对勘探孔有控制性孔和一般性孔之分。

4.3 勘察评价

4.3.1 成桩的可能性除与施工机械有关外,还受地层特性、桩群密集程度、群桩的施工顺序等因素的制约,尤其是地质条件影响最大,故必须在掌握准确可靠的地质资料,特别是原位测试资料的基础上,提出对成桩可能性的分析意见。必要时,可通过试桩进行分析。

4.3.2 螺杆桩成桩过程会产生挤土效应,在饱和土体成桩也会产生一定的超孔隙水压力,这些都会对周围已成的桩和已有建筑物、地下管线产生危害,勘察报告中应对此予以分析和评价。

4.3.6 勘察报告中可以提出几个可能的桩基持力层,进行技术经济比较后,推荐合理的桩基持力层。一般情况下应选择具有一定厚度、承载力高、压缩性较小、分布均匀、稳定的坚实土层或岩层作为持力层。报告中应按不同的地质剖面提出桩端标高建议,阐明持力层厚度变化、物理力学性质和均匀程度。

5 设 计

5.1 一般规定

5.1.3 螺杆桩承受竖向荷载时螺牙将受地基土的冲切作用,冲切力的大小受螺牙宽度、桩侧地基土物理力学指标及螺杆桩所承受的竖向荷载等因素的影响。目前,采用常规方法准确计算螺牙所受冲切力较为困难,这也为合理选取螺牙的尺寸造成一定的困难。故本规程中未给出螺牙厚度和宽度的验算公式,而是给出了一组螺杆桩常用尺寸以供设计时选取。当设计采用非常规尺寸时,在施工图设计前必须通过验算或载荷试验对螺牙的抗冲切性能进行验证。

5.1.4 相同条件下,螺杆桩螺纹段侧摩阻力会明显大于直杆段侧摩阻力,从这一角度出发,螺杆桩螺纹段长度越长,对提高桩身承载力越有利;而另外,在进行桩身强度验算时,截面越小,桩身强度越小,考虑到作用于桩身不同截面的轴向压力随着深度的增加逐渐减小,螺杆桩螺纹段越长,螺纹段顶部截面所承受的轴向压力将越大,因此螺杆桩螺纹段不宜过长。

选取合理的螺杆桩直杆段与螺纹段长度,既能充分发挥螺纹段对桩侧摩阻力的增大作用,又不至于因螺纹段截面面积的减小影响桩身强度。本规程中,根据现有工程实践经验,规定螺杆桩直杆段长度宜为桩长的1/3~3/4。

5.1.5 根据《建筑桩基技术规范》JGJ 94 的规定,当桩身直径为300~2 000 mm 时,正截面配筋率可取 0.2%~0.65%(小直径桩取高值）。考虑到螺杆桩的成桩直径一般为 300~1 000 mm，将螺杆桩正截面配筋率提高为 0. 35% ~0. 65% 。

5. 1. 6、5. 1. 7 在 8 度抗震地区，需要通长配筋时，可将钢筋笼设计为分段变径形式，分别满足直杆段和螺纹段的主筋混凝土保护层厚度要求，同时应采取有效措施保证钢筋笼的垂直度和偏移量在允许范围内。

5. 1. 8 为了确保螺杆桩承受竖向荷载时，螺牙不至于在竖向荷载作用下发生冲切破坏，本规程中将螺杆桩基础桩身混凝土最低强度等级做适当提高。在本规程中，螺杆桩作为桩基础的基桩时，桩身混凝土强度等级不应低于 C30；作为复合地基增强体时，桩身混凝土强度等级不应低于 C25。

5. 2 桩基础设计

5. 2. 1 目前，由于单桩竖向极限承载力计算受桩周土强度参数、成桩工艺、计算模式等不确定因素的影响，单桩竖向极限承载力仍以原位原型试验为最可靠的确定方法，其次是利用地质条件相同的试桩资料和原位测试及端阻力、侧阻力与土的物理指标的经验关系参数确定。

根据土的物理指标与承载力参数之间的经验关系计算单桩竖向极限承载力，核心问题是经验参数的收集、统计分析，力求涵盖不同桩型、地区、土质，具有一定的可靠性和较大适用性。

本规程中，给出了以下形式的螺杆桩单桩极限承载力标准值估算公式：

$$Q_{uk} = Q_{sk1} + Q_{sk2} + Q_{pk} = u \sum \beta_{si} q_{sik} l_i + u \sum \beta_{sj} q_{sjk} l_j + q_{pk} A_p$$

与现行国家标准《建筑桩基技术规范》JGJ 94 类似，式中螺杆桩单桩极限承载力标准值由端阻力与侧阻力两部分组成。其中，侧阻力又分为直杆段侧阻力及螺纹段侧阻力。

式中 β_{si}、β_{sj} 分别为螺杆桩直杆段第 i 层土、螺纹段第 j 层土的桩侧极限侧阻力增强系数。此处，增强系数是指螺杆桩极限侧阻力标准值相对于干作业钻孔灌注桩极限侧阻力标准值的增大程度。一般情况下，由于螺杆桩成孔过程中会对桩周土体有一定的挤密作用，螺杆桩极限侧阻力标准值应大于干作业钻孔灌注桩极限侧阻力标准值，β_{si}、β_{sj} 均应为一个不小于 1.0 的数值。另外，从理论分析可知，直杆段侧阻力为桩－土间的摩擦力，而螺纹段等效侧阻力来源于螺牙间土体的抗剪强度，地基土的内摩擦角大于桩土间的摩擦角，相同条件下，螺纹段的侧阻力大于直杆段的侧阻力，β_{sj} 应大于 β_{si}。在本规程中，β_{sj} 的数值是通过对全国及我省多个已完成项目试桩资料进行统计分析，并结合土的状态、施工工艺对土的挤密作用和不同类型土中的成螺质量提出的（表 2 为部分工程等效侧阻力增强系数的统计结果）；对于 β_{si} 的数值，由于缺少实践资料，暂取为 1.0，对于有类似工程经验的项目，可根据经验适当提高。

另外，实践中已有一些单位通过对现有施工机具、钻具及施工工艺的改进创新，形成桩身下半段为正向螺纹、上半段为反向螺纹的变桩径全螺纹桩（如图 1 所示）。这一桩型一方面克服了等桩径螺纹桩螺纹存在导致桩顶截面面积减小对桩体承载力的不利影响，另一方面桩身上半段反向螺纹的存在会增大桩身与土体之间的摩阻力，这些因素都将在一定程度上提高螺杆桩的单桩承载力，设计中也可根据经验考虑这部分内容对螺杆桩直杆段桩侧极限侧阻力的增大作用。

图 1　变桩径全螺纹桩示意图

表2 部分工程等效侧阻力增强系数的统计结果

项目编号	工程名称	桩长（m）	内径（mm）	外径（mm）	侧阻提高系数
1	黑龙江某工程试桩	8.0 ~ 19.0	350 ~ 500	400 ~ 850	1.50 ~ 1.84
2	武汉国际钢铁物流	16.5 ~ 17.5	377	500	1.55 ~ 1.60
3	上海世纪长江苑	17.0 ~ 23.0	377	500	1.43 ~ 1.72
4	天门金汉宫城	23.0	377	500	1.45 ~ 1.63
5	世博园试桩	20.0	377	500	1.64 ~ 1.81
6	东营辛兴小区	21.5	300	400	1.35 ~ 1.64
7	山东机务飞行倒班宿舍楼	15.0	300	500	1.39 ~ 1.45
8	博兴阳光小区	16.0	300	500	1.35 ~ 1.47
9	博兴名士豪庭	7.5	300	400	1.40 ~ 1.65
10	北部湾某工程	22.0	377	500	1.50
11	东城半岛	24.0	377	500	1.68
12	迪亚溪谷	12.0	377	400	1.84 ~ 1.90
13	盘锦某安置房	7.0	377	400	1.75 ~ 1.90
14	海兴行政中心	8.0	377	500	1.78 ~ 2.05
15	某工程试验桩	10.0 ~ 16.0	377	400 ~ 550	1.42 ~ 1.83
16	商丘康城花园	25.0	377	500	1.72
17	新乡市获嘉县鸿盛铭郡居住小区	25.0	377	500	1.50
18	三门峡市盛和苑项目	16.0	377	500	1.87
19	三门峡市汇景新城项目	12.5	377	500	2.04
20	宿州市砀山县祥泰国际项目	27.0	377	500	1.50

5.2.6 桩距不超过 6d 的群桩,当桩端平面以下软弱下卧层承载力与桩端持力层相差过大(低于持力层的 1/3)且荷载引起的局部压力超出其承载力过多时,将引起软弱下卧层侧向挤出,桩基偏沉,需验算软弱下卧层的承载力。这里需要强调的是,实际工程中持力层以下存在相对软弱土层是常见现象,只有当强度相差过大时才有必要验算。

5.3 复合地基设计

5.3.4 本规程规定褥垫层设置范围宜比基础外围每边大 200 ~ 300 mm,主要考虑当基础四周易因褥垫层过早向基础范围以外挤出而导致桩、土的承载力不能充分发挥。若基础侧面土质较好,褥垫层设置范围可适当减小。也可在基础下四边设置围梁,防止褥垫层侧向挤出。

6 施 工

6.1 一般规定

6.1.2 终孔标准原则上应结合工程地质情况、单桩竖向承载力、入土深度、电流变化、桩端持力层性状及桩端进入持力层深度等因素综合考虑确定。当桩端位于一般土层时,应按设计桩长控制成孔深度;当桩端置于较好持力层时,应以确保桩端置于较好持力层作为控制标准,按电流值控制成孔深度;对于电流值达到要求而设计桩长未达到的情况,应查明原因,一般应继续钻进1~3 m确定终孔。

6.1.3 在正式进行螺杆桩施工前,应进行工艺性试桩,确定钻杆钻进速度、提升速度、泵送速度等工艺参数。

6.2 施工准备

6.2.1 施工组织设计应结合工程特点,有针对性地制订相应质量管理措施,主要应包括下列内容:

　　1 工程概况、桩施工影响范围内地质特性、桩的规格和数量、工程质量、工期要求;

　　2 施工平面图:标明桩位、编号、施工顺序、水电线路和临时设施的位置;

　　3 确定成孔机械、配套设备以及合理施工工艺;

　　4 施工作业计划和劳动力组织计划;

　　5 机械设备、备件、工具、材料供应计划;

　　6 施工管理:工程进度控制,材料成本控制,质量保证,安全、文明施工措施,环保措施。

6.2.3 施工机械及其配套设备的合理选择,是保证施工质量及施工安全的重要环节,必须杜绝使用不合格的机械设备。螺杆桩施工中施工机械及其配套设备的要求如下:

1 成孔设备:螺杆桩机应具有适宜的钻杆类型和尺寸,且需具有能实现同步技术和非同步技术的自动控制系统;

2 灌注设备:混凝土输送泵可选用 60 ~ 80 m³/h 规格或根据工程需要选用;连接混凝土输送泵与钻机的钢管、高强柔性管,内径不宜小于 125 mm;

3 钢筋笼加工设备:电焊机、钢筋切断机、直螺纹机、钢筋弯曲机等设备应工况良好;

4 钢筋笼置入设备:振动锤、导入管、吊车等应工况良好。

6.2.5 螺杆桩轴线的控制点和水准点应设在不受施工影响的地方并妥善保护,开工前应进行复核,施工中应经常复测。

6.3 施 工

6.3.2 图 2 为螺杆桩施工工艺示意图。

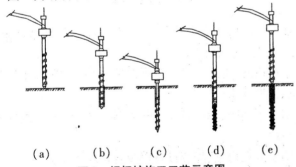

图 2 螺杆桩施工工艺示意图

说明:(a)钻机对准桩位;(b)钻杆正向非同步钻进至直杆段设计深度;(c)钻杆正向同步钻进至桩底,形成桩的螺纹段;(d)在同步反转提钻同时泵机利用钻杆作为通道,保持额定泵压在高压状态下使混凝土形成下部螺纹状桩体和上部圆柱状桩体;(e)混凝土浇筑完毕,形成螺杆桩。

6.3.4 在我省部分地区,地基土含水率较低,容易出现成孔困难等问题。施工时,可采取以下措施提高施工效率、保证成孔质量:当地基土含水率低于 12% 时,可对处理范围内的土层进行预浸水增湿;当预浸水土层深度在 2.0 m 以内时,可采用地表水畦(高 300~500 mm,每畦范围不超过 50 m^2)的浸水方法;当浸水土层深度超过 2.0 m 时,应采用地表水畦与深层浸水孔相结合的方法。

7 质量检验与验收

7.2 施工检验

7.2.2 夯填度指夯实后的褥垫层厚度与虚体厚度的比值,桩径允许偏差负值是指个别断面。

7.3 施工后检验

7.3.4 螺杆桩为一种异形桩,采用低应变进行桩身完整性检测时,会出现有别于等截面桩的反射波,影响检测结果的准确性。在具体的工程实践中,可在试桩阶段,通过将反射波形与载荷试验、成桩工艺相结合的方法,确定一个标准波形,以便用以指导工程桩检测。